U0175578

平面
图形

儿童数学思维训练

数学脑 图形与几何

纸　七巧板　"心碎拼板"

[日]学研出版社 / 编著

[日]坪田耕三 / 监修

杨晓红 / 译

青岛出版集团 | 青岛出版社

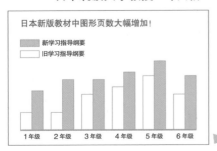
致家长

用数学思维学具
将复杂的图形简化、分解！

培养图形认知能力的 3 个步骤

数学是一个抽象的、极具逻辑的学科。初高中的数学学习属于"逻辑思维"学习，有纸笔在手就可解题。但小学数学学习，需要学会在脑中描绘具体的形象。

那么，怎样才能做到在脑中浮现"具体的形象"呢？这就需要使用具体的工具，即学具。

小学数学课上虽然也会用到百数板、积木、方块等各种教具，但这些大都发挥了"说明性工具"的作用。

我一直在思考如何利用工具更有效地训练数学思维能力，并从"思考数学的工具"这一含义出发，将它们命名为"数学思维学具"。

课堂上一旦使用"数学思维学具"，孩子们就会兴趣盎然地参与到教学活动中，边玩边思考，从而在脑海中留下深刻印象。调查表明，使用"数学思维学具"的孩子在解决图形问题方面的能力更强。

家长可以引导孩子将本书收录的益智拼图当作游戏，提升数学能力。

日本筑波大学教授　坪田耕三

1 用手触摸学具来认知图形

想要在大脑中勾勒出图形，首先需要用手触摸学具。孩子在拼图过程中，会反复移动、翻转、旋转学具，有时需要停下来思考或者试错。

孩子在移动学具的过程中，自然而然地把图形印入大脑，记住旋转、放大、缩小后的样子。孩子在反复练习后，即便眼前没有学具，也能在大脑中快速地浮现出图形来。

2 将图形深深印入大脑

3 轻松简化、分解复杂的图形

孩子在解答考试中的图形问题时，可以通过平移、旋转、分解已知图形来推导出正确答案。如果能在大脑中将复杂的图形简化、分解成其他图形，那么解题会变得更轻松。

日本新版教材中图形页数大幅增加！

- 新学习指导纲要
- 旧学习指导纲要

1年级	2年级	3年级	4年级	5年级	6年级

图形问题轻松搞定！

问题页 边动手边思考 (HANDS-ON)

"HANDS-ON" 意为"动手的、实际操作的"，此处是指手工作业、感观展示的数学活动。

本书所有的练习都要求孩子在用眼观察图形的基础上，用手操作相关学具，完成问题中的目标图形。实际完成的图形不一定与目标图形完全相同，这就要求孩子在大脑中对图形进行扩大或缩小。这也为学习"相同""相似"打下基础。

先观察图形，再拼出相同的形状。

只要能拼出相同的图形，就表示成功。

解题的方法

1 想象图形的分割线
⇒ 拥有对图形的洞察力
能够轻松看到隐形的分割线。

2 移动、翻转学具
⇒感知"平移""旋转""对称"等概念
能够在脑海中移动图形。

3 用学具拼出相同的形状
⇒ 理解"相同""相似"图形的特征
能够在脑海中扩大、缩小图形。

答案页 存在多种答案的 OPEN-END

大多数人不知道数学中存在"正确答案具有多样性"这一现象。所谓的"OPEN-END"就是指答案不唯一。"寻找其他答案"能够培养孩子灵活思考的能力和创造力，提升学习数学的兴趣。

本书使用的数学思维学具

纸

七巧板

"心碎拼板"

本书是培养孩子"简化、分解复杂图形的能力"的入门篇。孩子熟练后可继续学习《组合图形》，进行更高水平的思维训练。

目录

依次用 ★、★★、★★★ 表示问题由易到难的程度。

第1章

用纸折出、拼出、剪出

各种图形

本章使用的学具是大家熟悉的纸。通过对正方形的纸进行折叠、折叠后打开、先折后剪再打开等操作，可以得到许多不同的图形。

致家长　　通过完成这些手工作业，孩子会把立体图形深深印入大脑，并能够在大脑中移动立体图形。如果得到的图形与预想的不一样，就更能激发孩子的好奇心。

使用说明

 准备好20张正方形的纸与1把剪刀。

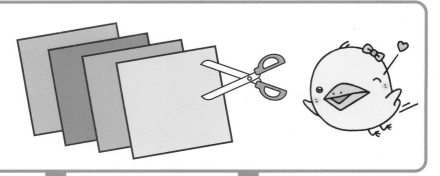

问题 1~3

用纸折出问题页要求的图形。

怎么折好呢？

如果折不出相同的图形……

参照答案页，再试一次。

如果能折出相同的图形……

参照答案页，并与自己折的比一比。

问题 4~6

按问题页的要求剪一剪。

猜一猜把纸展开后可能出现的图形，并从后面列出的选项中选一选。

参照答案页。

挑战下一题！

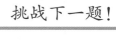

先用 1 张纸折出 1 个三角形。

再把 2 张纸分别折出三角形，拼成 1 个三角形。

然后把 3 张纸分别折一折，拼成 1 个三角形。

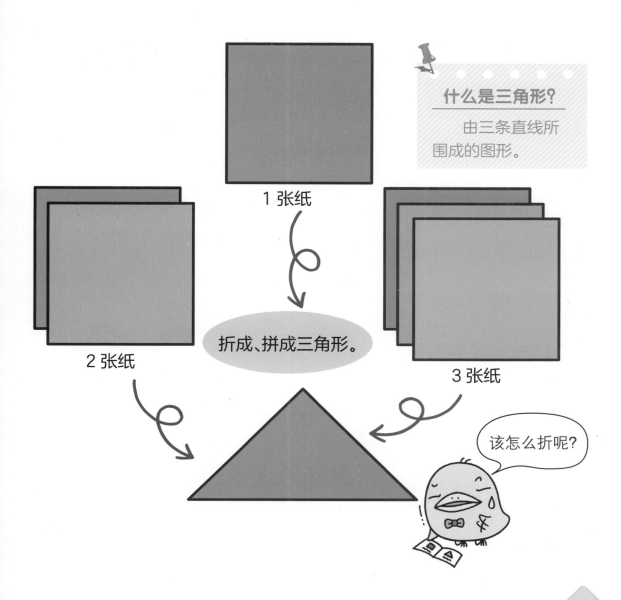

1 张纸

什么是三角形?
由三条直线所围成的图形。

2 张纸

折成、拼成三角形。

3 张纸

该怎么折呢?

答案

● 1 张纸

沿对角线折叠。

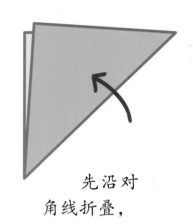

先沿对角线折叠，

再沿中线折叠，也能折出三角形。

● 2 张纸

先按 1 张纸的折法折叠，再按如图方式拼合。

大三角形可以用小三角形拼成。

● 3 张纸

把大小不同的三角形按如图方式拼合。

先用 1 张纸折出 1 个长方形。

再把 2 张纸分别折一折，拼成 1 个长方形。

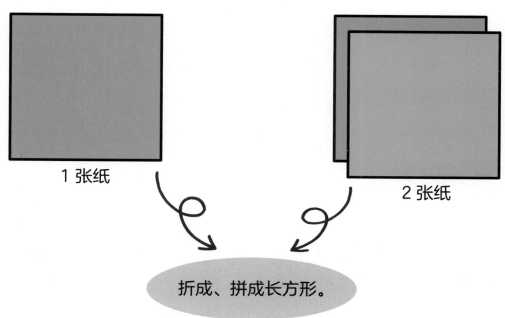

1 张纸

2 张纸

折成、拼成长方形。

任何大小都可以哟！

什么是长方形?

对边相等（通常邻边不相等），四个角都是直角的四边形。

5

● 1 张纸

横向对折
1 次即可。

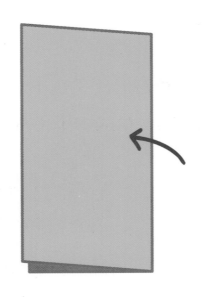

用正方形
的纸可以轻松
折出长方形。

● 2 张纸

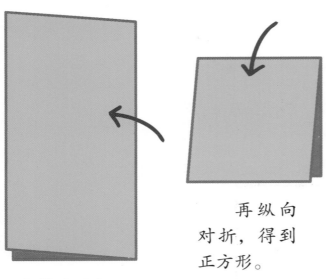

先横向对折，

再纵向
对折，得到
正方形。

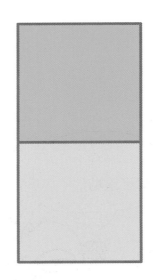

然后用另一
张纸再折 1 个正
方形，最后将 2
个正方形拼合。

先把 2 张纸分别折一折，拼成 1 个正方形。

再把 3 张纸分别折一折，拼成 1 个正方形。

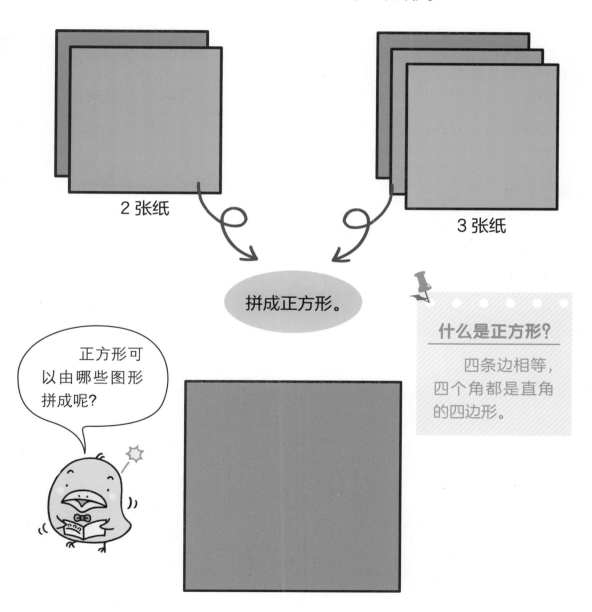

2 张纸

3 张纸

拼成正方形。

正方形可以由哪些图形拼成呢？

什么是正方形?

四条边相等，四个角都是直角的四边形。

● 2 张纸

先分别横向对折，再拼合。

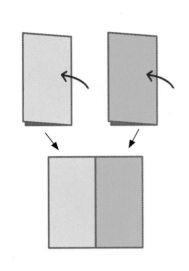

先分别折成 1 个三角形，再拼合。

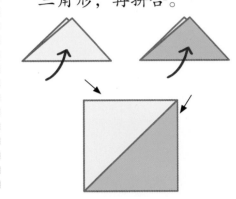

● 3 张纸

先把 2 张纸分别对折 2 次，再把另外的 1 张纸对折 1 次，最后拼合。

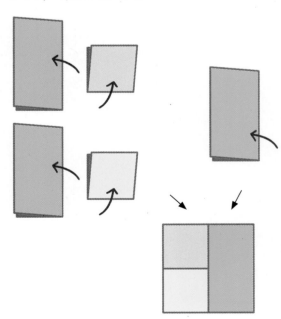

要与原来的正方形大小相同。

按下图方式折叠、拼合，也可以拼成正方形。

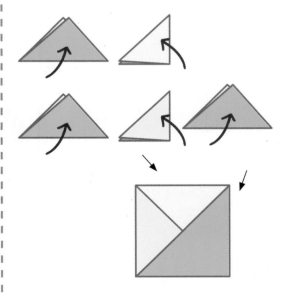

折叠、剪去三角形 难易度 ★ ★

如图所示，先折叠，再剪去 1 个三角形。

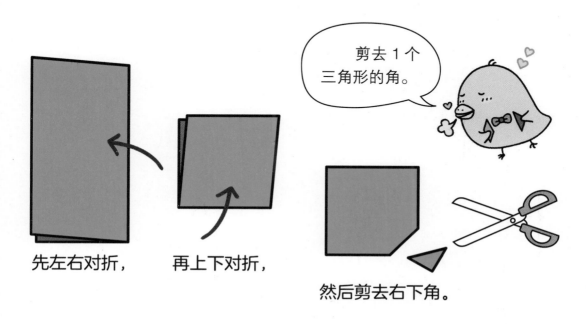

剪去 1 个
三角形的角。

先左右对折，　　再上下对折，

然后剪去右下角。

展开前，猜一猜可能会出现的图形，从下面选一个吧。

①正中间是三角形。

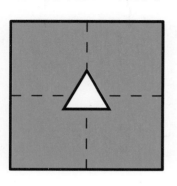

②正中间是四边形。

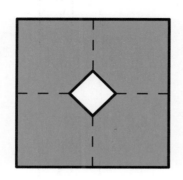

③正中间是圆形。

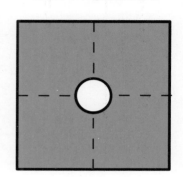

展开后的图形是②正中间是四边形。

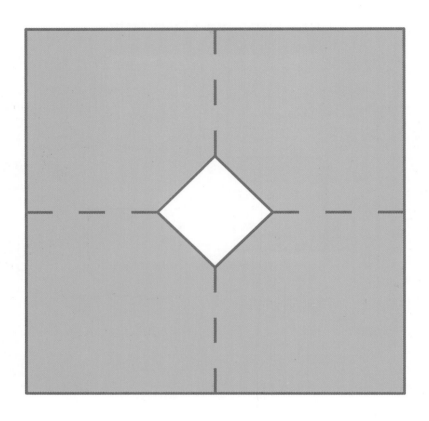

剪去1个三角形的角，展开后，正中间却空出1个四边形。好奇妙！

折叠、剪去三角形和半圆

难易度 ★ ★

如图所示，先折叠，再剪去 1 个三角形和 1 个半圆。

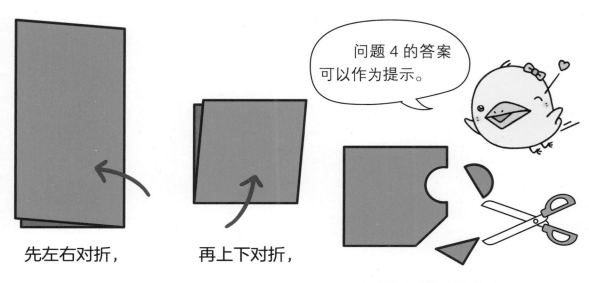

问题 4 的答案可以作为提示。

先左右对折，　　　　再上下对折，

然后剪去三角形和半圆。

展开前，猜一猜可能会出现的图形，从下面选一个吧。

①正中间是四边形，
　周围是 4 个圆。

②正中间是四边形，
　4 个角呈弧形。

③正中间是四边形，
　上下各有 1 个圆。

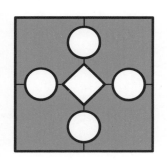

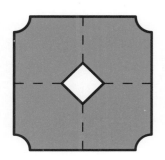

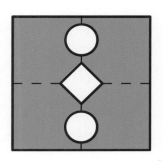

展开后的图形是③正中间是四边形，上下各有 1 个圆。

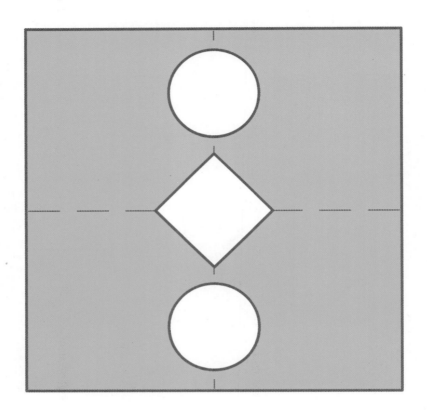

因为对折了 2 次，所以会出现 2 个圆。

如图所示，先折叠，再对半剪开。

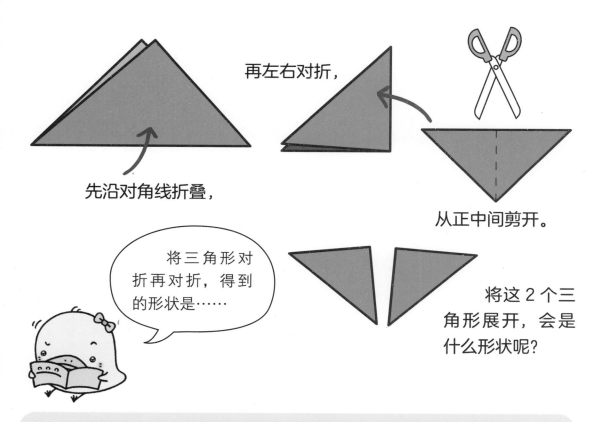

再左右对折，

先沿对角线折叠，

从正中间剪开。

将三角形对折再对折，得到的形状是……

将这 2 个三角形展开，会是什么形状呢？

展开前，猜一猜可能会出现的图形，从下面选一个吧。

① 4 个三角形

② 4 个小正方形

③ 2 个三角形和 1 个大正方形

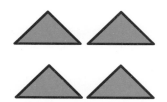

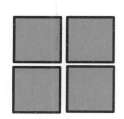

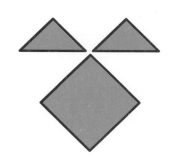

展开后的图形是② 4 个小正方形。

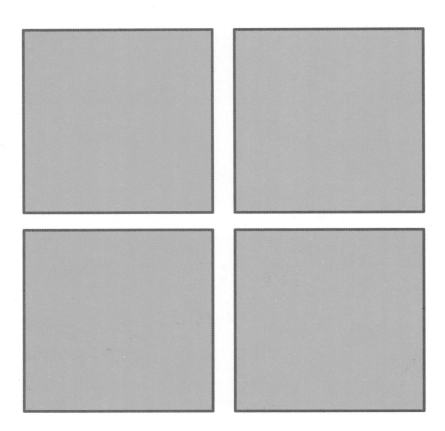

对折的三角形
展开后是正方形。

第2章

用七巧板拼出

各种图形

七巧板又称"智慧板"，早在1000多年前就在中国民间广泛流传。如今，它作为能够拼出多种图形的益智拼图而风靡全世界。

致家长

七巧板包含正方形、等腰直角三角形、平行四边形等图形。平行四边形具有"一旋转或翻转就会变形"的特性，变形后的图形仍然是平行四边形，非常适合用来理解"对称"的概念。

使用说明

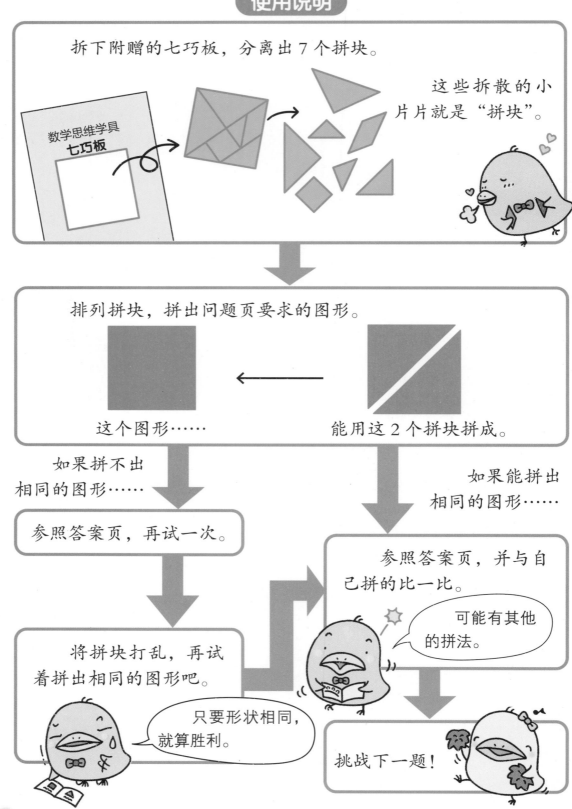

拆下附赠的七巧板，分离出 7 个拼块。

数学思维学具
七巧板

这些拆散的小片片就是"拼块"。

排列拼块，拼出问题页要求的图形。

这个图形……

能用这 2 个拼块拼成。

如果拼不出相同的图形……

如果能拼出相同的图形……

参照答案页，再试一次。

参照答案页，并与自己拼的比一比。

可能有其他的拼法。

将拼块打乱，再试着拼出相同的图形吧。

只要形状相同，就算胜利。

挑战下一题！

拼出正方形

难易度 ★

用七巧板中的其他拼块拼出与正方形拼块相同的图形。

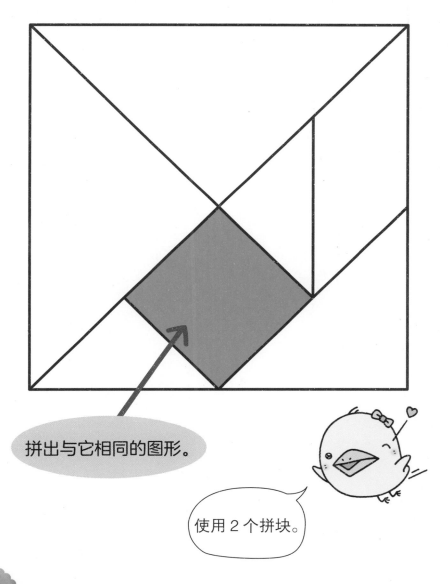

拼出与它相同的图形。

使用2个拼块。

拼一拼，
练一练！

先想一想，再将正确的拼块放在图上。

如果拼块的朝向和位置发生了变化，还能拼出这个图形，那么新的拼法也是成功的。*

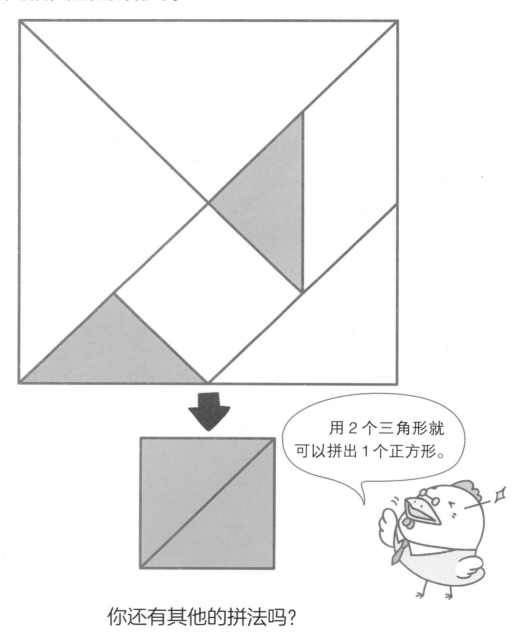

用2个三角形就可以拼出1个正方形。

你还有其他的拼法吗？

*后面的题目与此类似时，就不重复说明了，请自行尝试更多的拼法。

拼出平行四边形

难易度 ★

用七巧板中的其他拼块拼出与平行四边形拼块相同的图形。

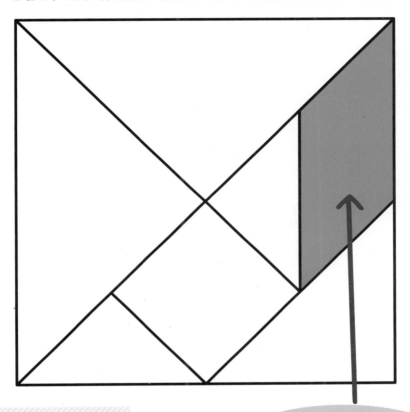

拼出与它相同的图形。

什么是平行四边形?

两组对边分别平行（两条直线永远不相交）的四边形。

使用2个拼块。

拼一拼，练一练！

先想一想，再将正确的拼块放在图上。

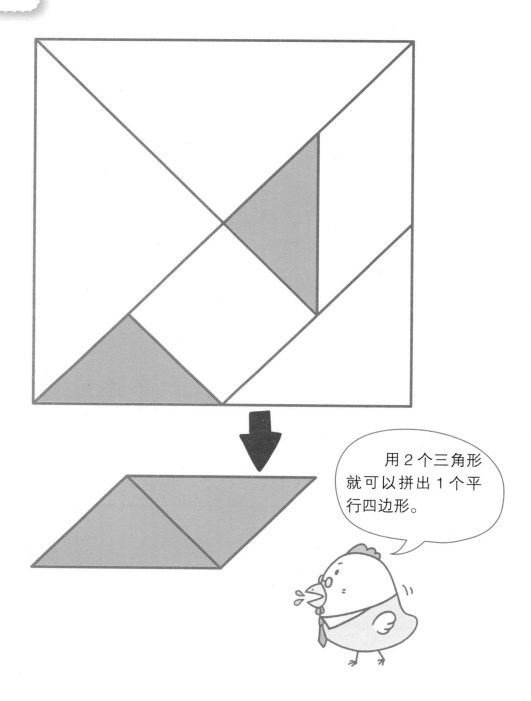

用2个三角形就可以拼出1个平行四边形。

拼出三角形

难易度 ★

用七巧板中的其他拼块拼出与三角形拼块相同的图形。

拼出与它相同的图形。

这是七巧板中最大的三角形拼块。

拼一拼，练一练! 先想一想，再将正确的拼块放在图上。

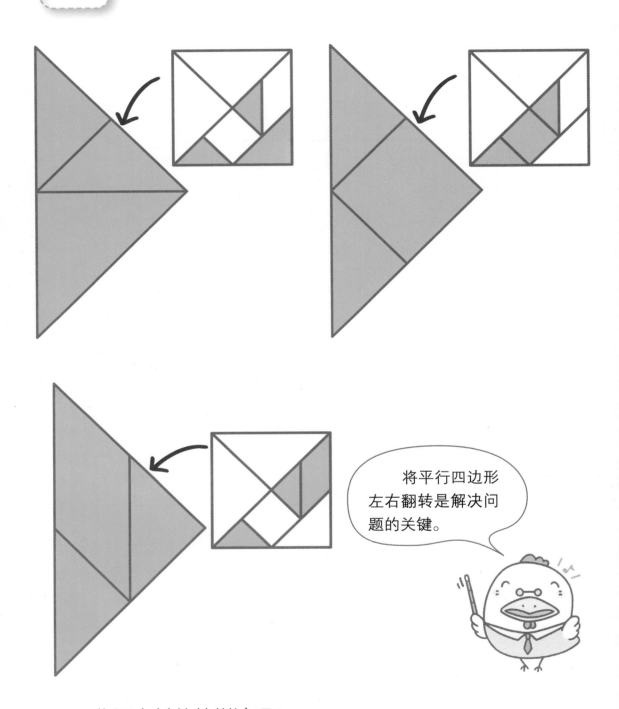

将平行四边形左右翻转是解决问题的关键。

你还有其他的拼法吗?

用 3 个拼块拼出三角形

难易度 ★

用七巧板中的 3 个拼块拼出着色的三角形。大小不必完全相同。

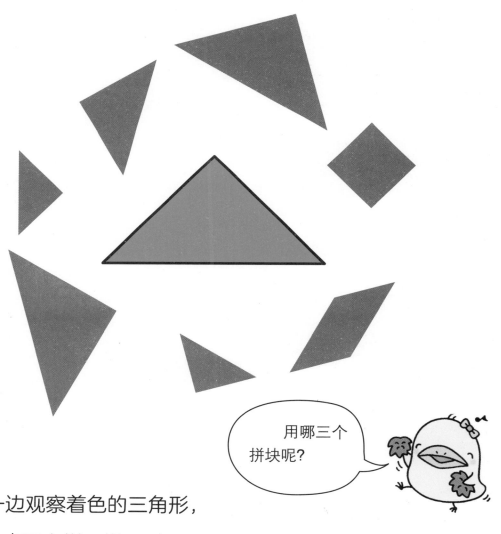

用哪三个拼块呢?

一边观察着色的三角形,
一边在桌子上拼一拼。

1个正方形和
2个小三角形

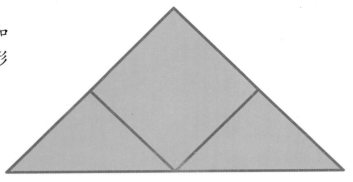

1个大三角形和
2个小三角形

1个平行四边形和
2个小三角形

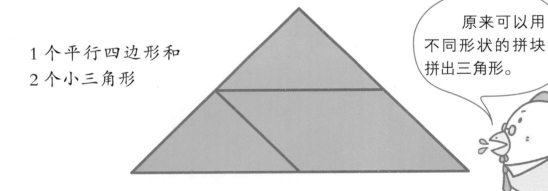

原来可以用不同形状的拼块拼出三角形。

你还有其他的拼法吗？

11 用7个拼块拼出长方形

难易度 ★

用七巧板所有的拼块拼出着色的长方形。大小不必完全相同。

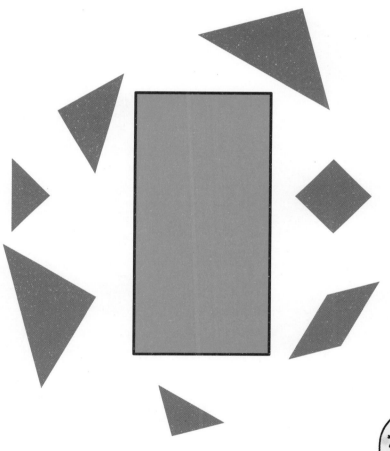

一边观察着色的长方形，一边在桌子上拼一拼。

先将七巧板复原到初始的正方形，再想一想如何拼吧。

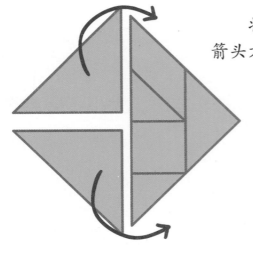

将 2 个大三角形沿箭头方向移动。

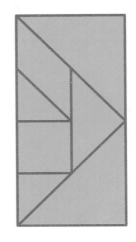

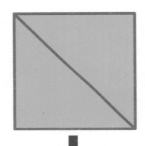

先拼出 2 个正方形，再拼合。

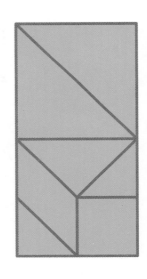

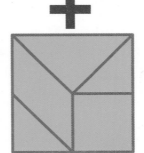

你还有其他的拼法吗？

用7个拼块拼出三角形

难易度 ★ ★

用七巧板所有的拼块拼出着色的三角形。大小不必完全相同。

想一想七巧板的初始形状。

一边观察着色的三角形，一边在桌子上拼一拼。

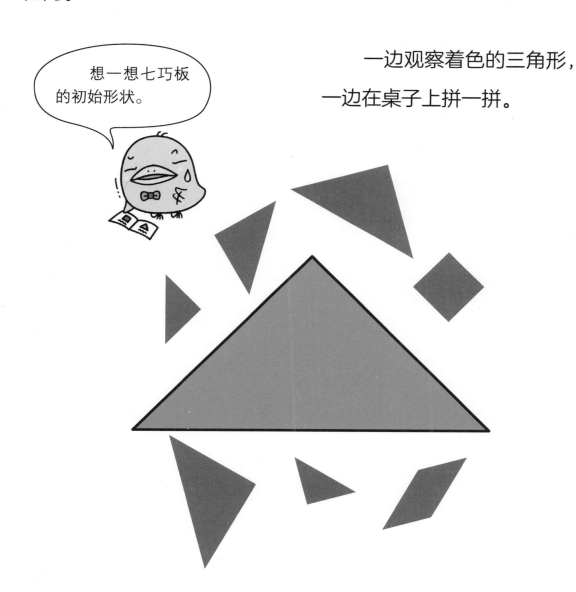

将2个大三角形一起
沿箭头方向移动。

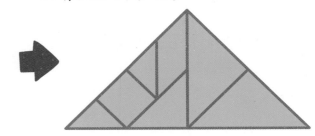

先拼出正方形，再和
2个大三角形拼合。

你还有其他的拼法吗？

13 各种四边形（1）

难易度 ★ ★ ★

分别用七巧板所有的拼块拼出下面这 2 个四边形。大小不必完全相同。

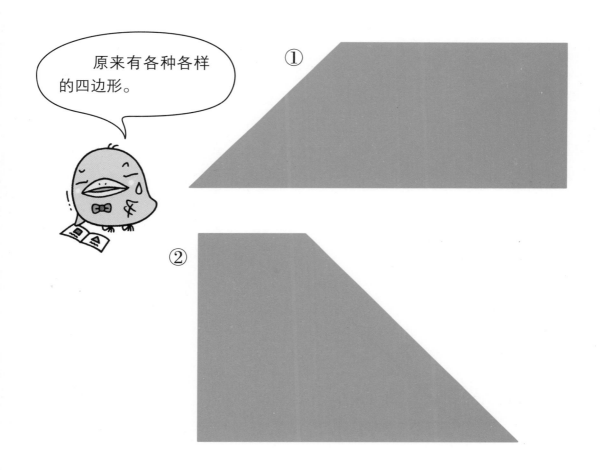

原来有各种各样的四边形。

①

②

一边观察图形，一边在桌子上拼一拼。

答案

① 梯形

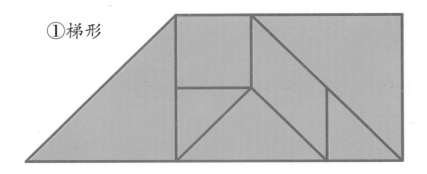

什么是梯形?

只有一组对
边平行的四边形。

② 梯形

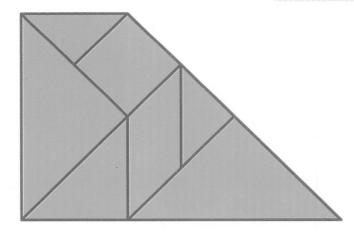

你还有其他的拼法吗?

原来梯形也是
各种各样的。

分别用七巧板所有的拼块拼出下面这 2 个四边形。大小不必完全相同。

这 2 个四边形的形状很特别。

一边观察图形，一边在桌子上拼一拼。

①

②

虽然名称不一样，但都是四边形。

①平行四边形

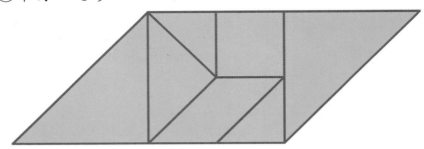

什么是等腰梯形？

一组对边平行但不相等、另一组对边不平行但相等的四边形。

②等腰梯形

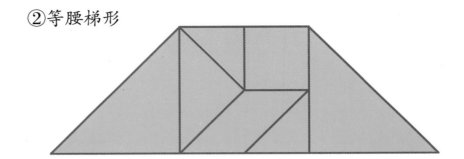

你还有其他的拼法吗？

七巧板中的哪些拼块是等腰直角三角形?

首先要找出三角形。

什么是等腰直角三角形?

一个角是直角、两条直角边相等的三角形。

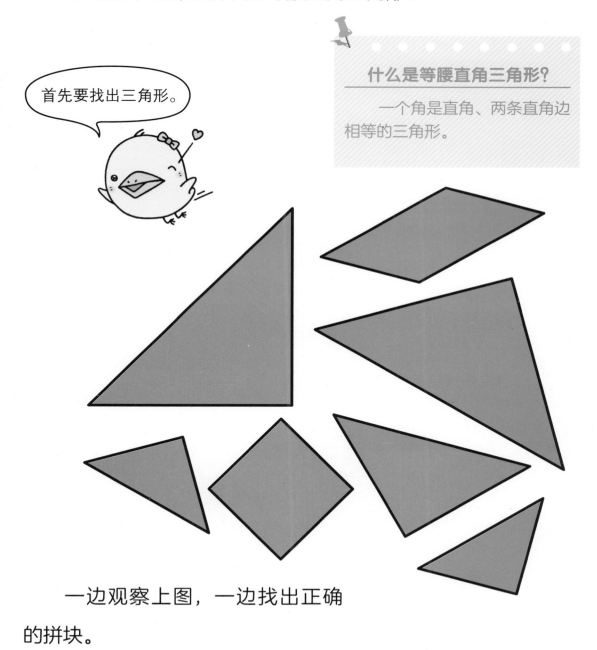

一边观察上图,一边找出正确

的拼块。

如下所示，七巧板中是等腰直角三角形的拼块分 3 种，一共有 5 块。

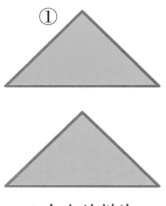

2 个小的拼块

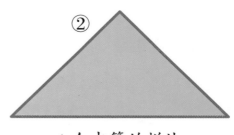

1 个中等的拼块

这些拼块本身就是等腰直角三角形。

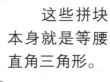

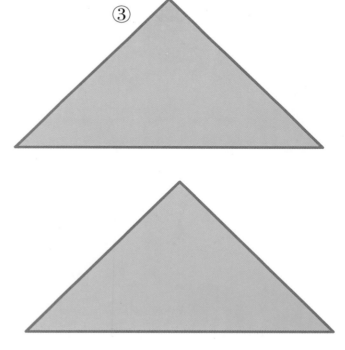

2 个大的拼块

用2个拼块拼出等腰直角三角形

难易度 ★

用七巧板中的2个拼块拼出等腰直角三角形。大小不必完全相同。

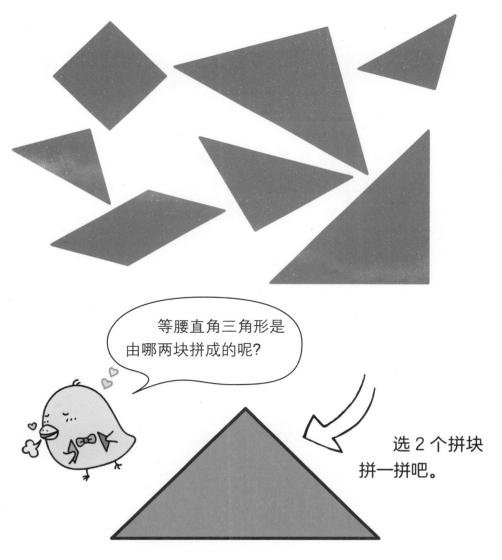

等腰直角三角形是由哪两块拼成的呢?

选2个拼块拼一拼吧。

一边观察上图,一边在桌子上拼一拼。

用 2 个全等的等腰直角三角形拼块可以拼成更大的等腰直角三角形。

2 个小的拼块

2 个大的拼块

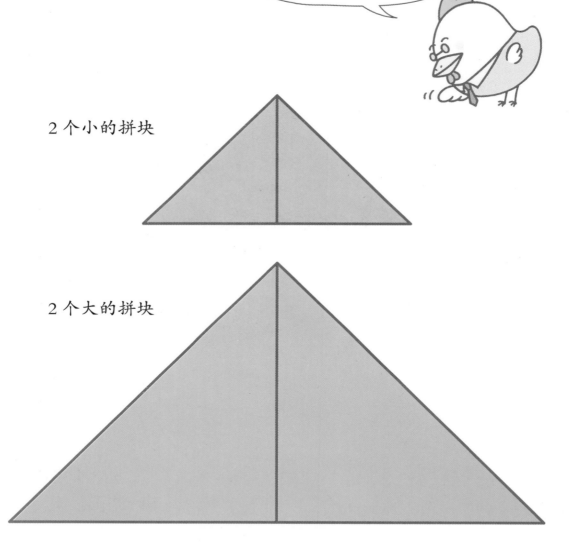

用3个拼块拼出 等腰直角三角形

难易度 ★

用七巧板中的3个拼块拼出等腰直角三角形。大小不必完全相同。

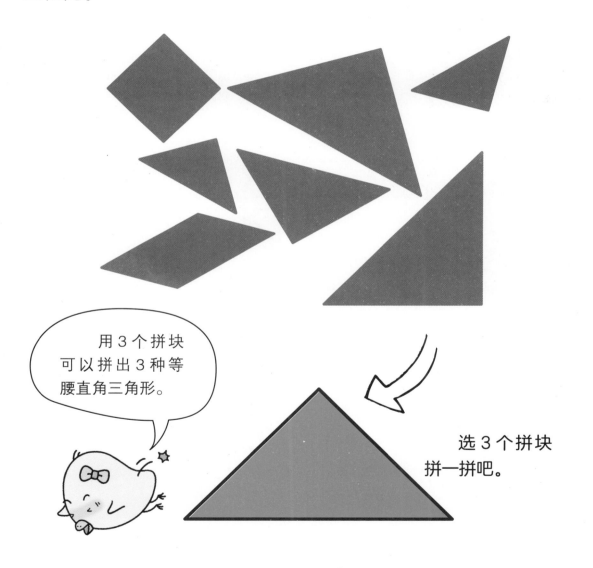

用3个拼块可以拼出3种等腰直角三角形。

选3个拼块拼一拼吧。

一边观察上图，一边在桌子上拼一拼。

与问题 10 的拼法相同，你发现了吗？

你还有其他的拼法吗？

18 用4个拼块拼出 等腰直角三角形

难易度 ★ ★

用七巧板中的 4 个拼块拼出等腰直角三角形。大小不必完全相同。

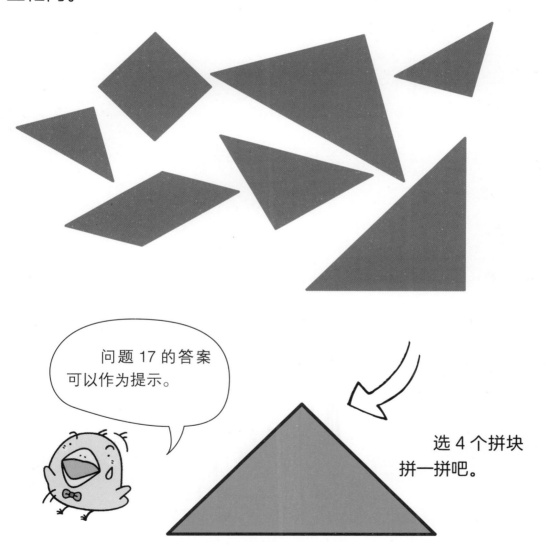

问题 17 的答案可以作为提示。

选 4 个拼块拼一拼吧。

一边观察上图，一边在桌子上拼一拼。

答案

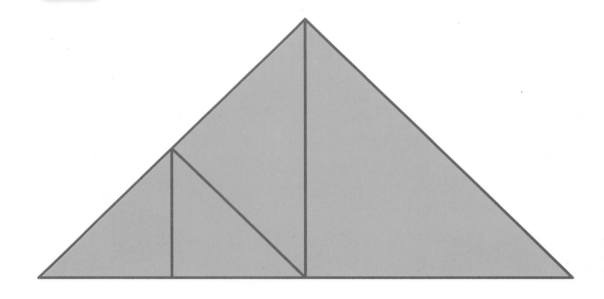

你还有其他的拼法吗？

使用的拼块都是等腰直角三角形。

用 5 个拼块拼出
等腰直角三角形

难易度 ★ ★

用七巧板中的 5 个拼块拼出等腰直角三角形。大小不必完全相同。

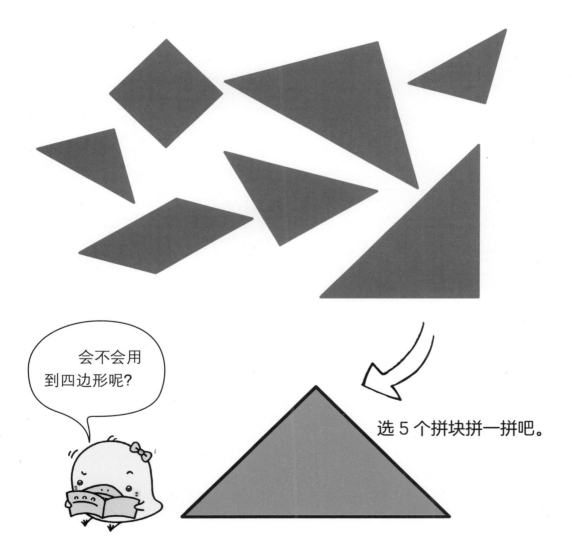

会不会用到四边形呢?

选 5 个拼块拼一拼吧。

一边观察上图,一边在桌子上拼一拼。

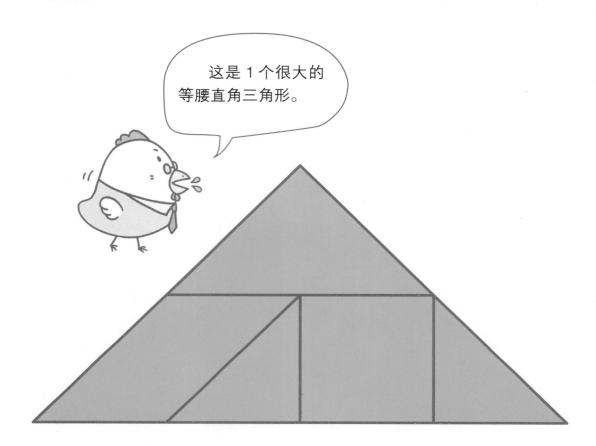

这是 1 个很大的等腰直角三角形。

你还有其他的拼法吗？

用七巧板所有的拼块拼出下图。大小不必完全相同。

乘风破浪！

一边观察上图，一边在桌子上拼一拼。

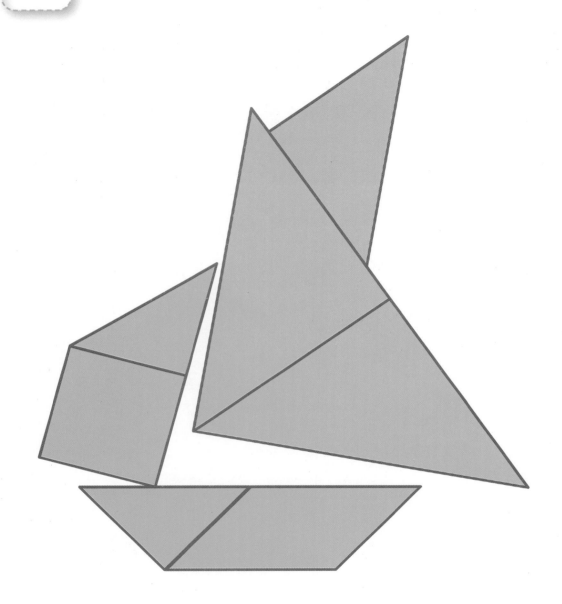

你还有其他的拼法吗?

如果要让帆船反方向航行,该怎么拼呢?

锹甲

用七巧板所有的拼块拼出下图。大小不必完全相同。

它看起来也像把大剪刀。

一边观察上图，一边在桌子上拼一拼。

如果能很快找到三角形的"钳子",剩下的就很简单喽!

你还有其他的拼法吗?

足球运动员

用七巧板所有的拼块拼出下图。大小不必完全相同。

一边观察上图，一边在桌子上拼一拼。

一眼就能看出 2 个大三角形是错开摆放的。

舞者

用七巧板所有的拼块拼出下图。大小不必完全相同。

好像人
在跳舞。

一边观察上图，一边在桌子上拼一拼。

与问题
22 的形状有
些相似。

火箭

用七巧板所有的拼块拼出下图。大小不必完全相同。

飞向宇宙！

一边观察上图，一边在桌子上拼一拼。

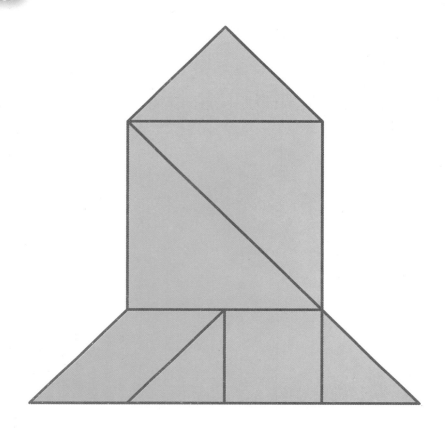

你还有其他的拼法吗?

注意平行四边形的摆放位置。

25

郁金香

难易度 ★ ★ ★

用七巧板所有的拼块拼出下图。大小不必完全相同。

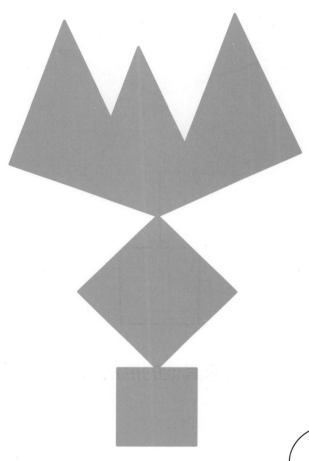

郁金香开得真美啊!

一边观察上图,一边在桌子上拼一拼。

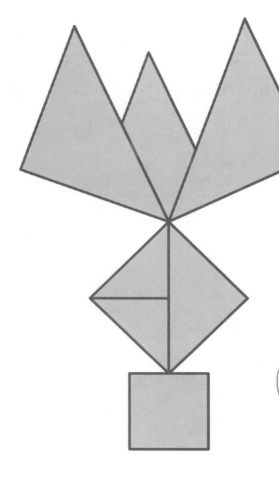

你还有其他的拼法吗?

花朵部分
是不是有点儿
难拼啊?

用七巧板所有的拼块拼出下图。大小不必完全相同。

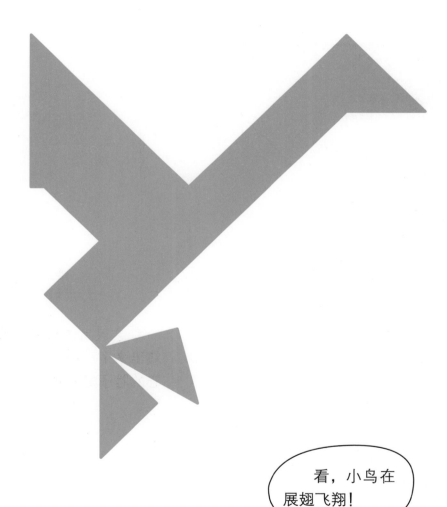

一边观察上图，一边在桌子

上拼一拼。

看，小鸟在
展翅飞翔！

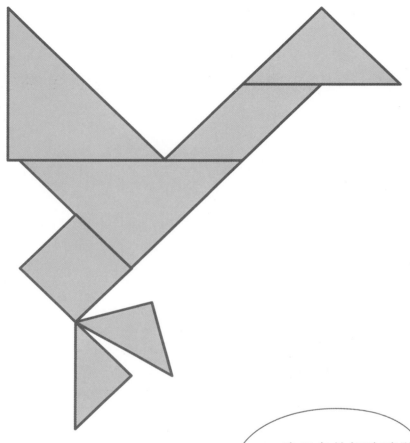

这只鸟的翅膀稍微错出来了一点儿。另外，它的脖子好长啊！

第**3**章

用 "心碎拼板"
拼出各种图形

"心碎拼板" 也是一种益智拼图。之所以叫这个名字，是因为用它所有的拼块可以拼出一颗 "破碎的心"。

致家长　与七巧板一样，"心碎拼板" 非常适合用来学习三角形、正方形、梯形等小学阶段涉及的图形知识。它还包含 $\frac{1}{4}$ 圆拼块和 $\frac{1}{8}$ 圆拼块，能让孩子边玩边学习圆的知识。

使用说明

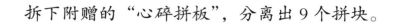

拆下附赠的"心碎拼板"，分离出 9 个拼块。

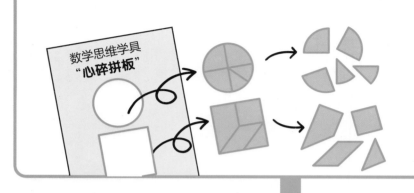

排列拼块，拼出问题页要求的图形。

这个图形……

能用这 2 个拼块拼成。

如果拼不出
相同的图形……

如果能拼出
相同的图形……

参照答案页，再试一次。

参照答案页，并与自
己拼的比一比。

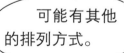

可能有其他
的排列方式。

将拼块打乱后，
再试着拼出相同的图
形吧。

只要形状相同，
就算胜利。

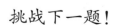

挑战下一题！

27

隧道

难易度 ★

用"心碎拼板"中的 5 个拼块拼出下图。

它看起来好像
铁路隧道啊!

拼一拼,
练一练!

先想一想,再将正确的拼块放在图上。

如果拼块的朝向和位置发生了变化，还能拼出这个图形，那么新的拼法也是成功的。*

你能从这个图中找出半圆和长方形吗？

你还有其他的拼法吗？

* 后面的题目与此类似时，就不重复说明了，请自行尝试更多的拼法。

宽隧道 难易度 ★ ★

用"心碎拼板"中的 6 个拼块拼出下图。大小不必完全相同。

这个双行隧道能让很多车通行吗?

一边观察上图,一边在桌子上拼一拼。

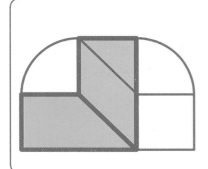

如果能发现图中的2个梯形，拼起来就简单多了。

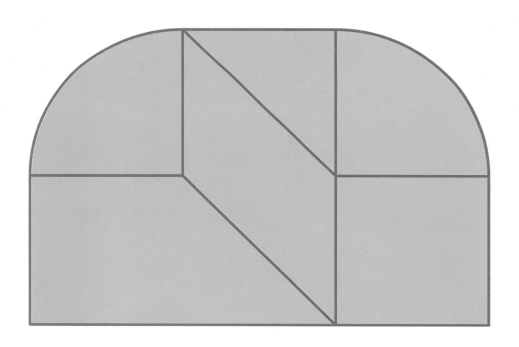

你还有其他的拼法吗?

用"心碎拼板"中的 6 个拼块拼出下图。大小不必完全相同。

树叶的形状
很特别。

一边观察上图，一边在桌子上拼一拼。

答案

这是一个左右
对称的图形。

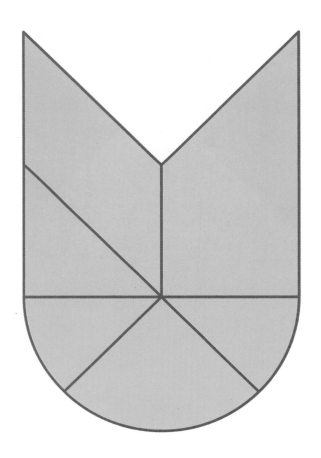

你还有其他的拼法吗？

用"心碎拼板"所有的拼块拼出下图。大小不必完全相同。

一边观察上图，一边在桌子

上拼一拼。

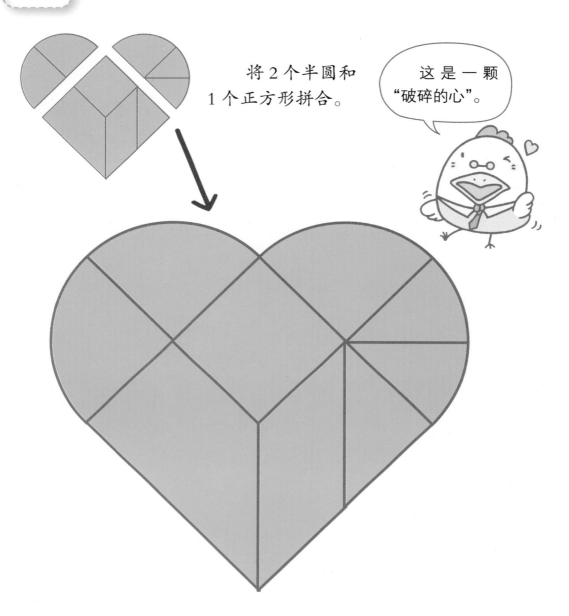

将 2 个半圆和 1 个正方形拼合。

这是一颗"破碎的心"。

你还有其他的拼法吗?

王冠

难易度 ★ ★ ★

用"心碎拼板"所有的拼块拼出下图。大小不必完全相同。

一边观察上图，一边在桌子上拼一拼。

这是国王戴的王冠。

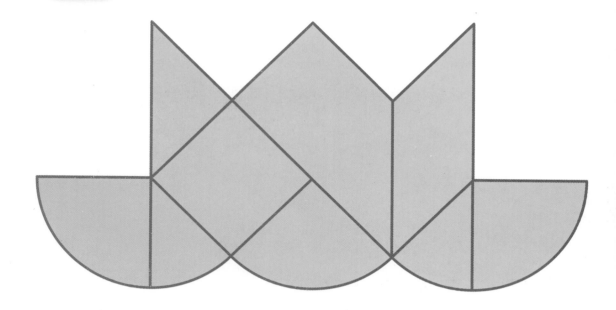

你还有其他的拼法吗？

解题的关键是确定 2 个小的圆弧形拼块的位置。

用"心碎拼板"所有的拼块拼出下图。大小不必完全相同。

拼块上可没画眼睛。

一边观察上图，一边在桌子上拼一拼。

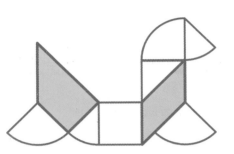

注意梯形和平行四边形的摆放位置。

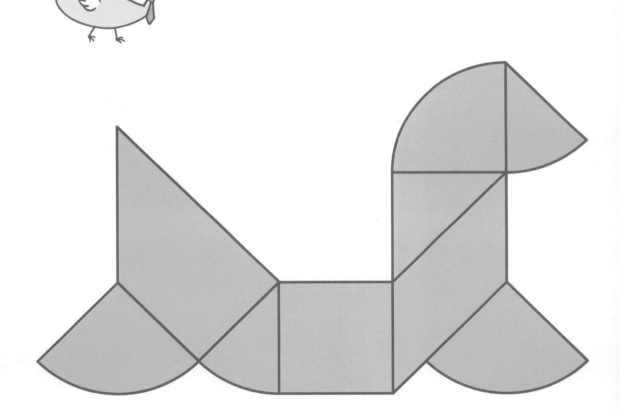

你还有其他的拼法吗？

用"心碎拼板"所有的拼块拼出下图。大小不必完全相同。

我也要飞！

一边观察上图，一边在桌子上拼一拼。

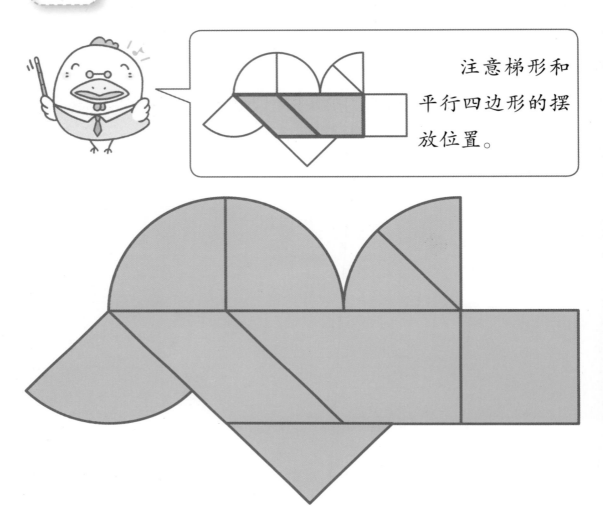

注意梯形和平行四边形的摆放位置。

你还有其他的拼法吗?

用"心碎拼板"所有的拼块拼出下图。大小不必完全相同。

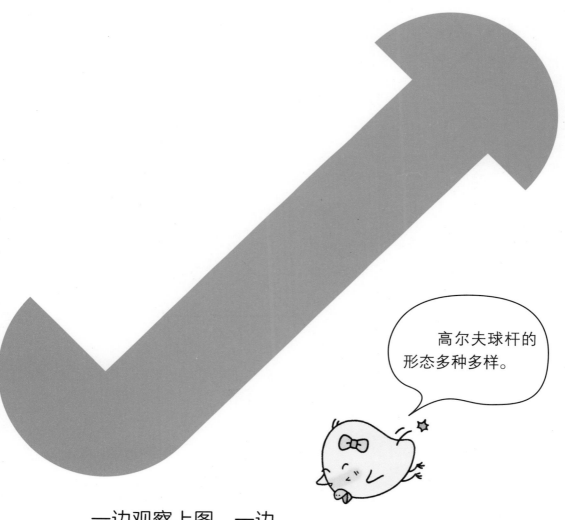

高尔夫球杆的
形态多种多样。

一边观察上图，一边
在桌子上拼一拼。

答案

圆弧形拼块的摆放位置一目了然吧。

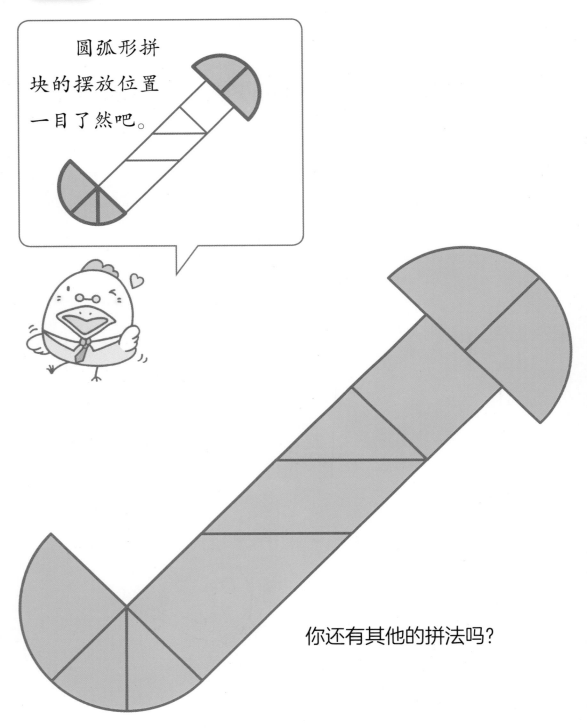

你还有其他的拼法吗?

用"心碎拼板"中的 8 个拼块拼出下图。试着将多余的拼块放在不同的位置，拼出不同的造型吧。

一边观察上图，一边在桌子上拼一拼。

嘴巴张得好大啊！

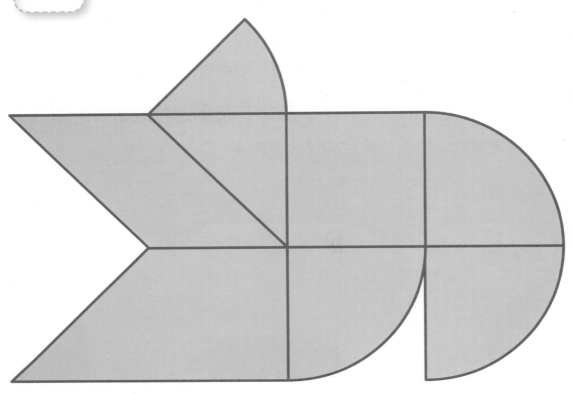

你还有其他的拼法吗?

可以把多余的拼块放在……

另一只眼睛

尾巴?

叹气?

76